中国节约用水报告

2023

中华人民共和国水利部　编

中国水利水电出版社
www.waterpub.com.cn
·北京·

图书在版编目（CIP）数据

中国节约用水报告. 2023 / 中华人民共和国水利部
编. -- 北京 : 中国水利水电出版社, 2024. 11.
ISBN 978-7-5226-3029-8

Ⅰ. TU991.64

中国国家版本馆CIP数据核字第20247QL105号

审图号：GS京（2024）1968号

书　　　名	中国节约用水报告2023 ZHONGGUO JIEYUE YONGSHUI BAOGAO 2023
作　　　者	中华人民共和国水利部　编
出 版 发 行	中国水利水电出版社 （北京市海淀区玉渊潭南路1号D座　100038） 网址: www.waterpub.com.cn E-mail: sales@mwr.gov.cn 电话：（010）68545888（营销中心）
经　　　售	北京科水图书销售有限公司 电话：（010）68545874、63202643 全国各地新华书店和相关出版物销售网点
排　　　版	中国水利水电出版社装帧出版部
印　　　刷	北京印匠彩色印刷有限公司
规　　　格	210mm×285mm　16开本　3.75印张　98千字
版　　　次	2024年11月第1版　2024年11月第1次印刷
定　　　价	58.00 元

《中国节约用水报告 2023》
编委会

编写说明

为深入贯彻习近平总书记"节水优先、空间均衡、系统治理、两手发力"治水思路和关于治水重要论述精神，落实全面节约战略和节水优先方针，不断推进国家节水行动，及时掌握和发布我国节水工作进展情况，水利部会同节约用水工作部际协调机制成员单位自 2024 年起组织编制年度《中国节约用水报告》。《中国节约用水报告》旨在综合反映全国年度节约用水情况以及不同行业领域、重点区域用水情况和节水水平。现对《中国节约用水报告 2023》（以下简称《报告》）做以下说明。

一、范围及分区

1.《报告》中涉及的全国性数据均未包括香港特别行政区、澳门特别行政区和台湾省的相关数据。

2.《报告》中的分区包括 10 个水资源一级区和 31 个省级行政区。在 10 个水资源一级区中，北方 6 区指松花江区、辽河区、海河区、黄河区、淮河区、西北诸河区，南方 4 区指长江区（含太湖流域）、东南诸河区、珠江区、西南诸河区。在 31 个省级行政区中，"新疆"包含新疆维吾尔自治区与新疆生产建设兵团。北方地区指北京、天津、河北、山西、内蒙古、辽宁、吉林、黑龙江、山东、河南、陕西、甘肃、宁夏、新疆；南方地区指上海、江苏、浙江、安徽、福建、江西、湖北、湖南、广东、广西、海南、重庆、四川、贵州、云南、西藏、青海。

3.《报告》第七章重点区域包括黄河流域、京津冀地区、粤港澳大湾区、长三角地区、长江经济带。其中，粤港澳大湾区以地级行政区为统计单元，包括广州、深圳、珠海、佛山、惠州、东莞、中山、江门、肇庆 9 个地级行政区范围；其他重点区域均以省级行政区为统计单元：黄河流域包括青海、四川、甘肃、宁夏、内蒙古、陕西、山西、河南、山东 9 个省级行政区；京津冀地区包括北京、天津、河北 3 个省级行政区；长三角地区包括上海、江苏、浙江、安徽 4 个省级行政区；长江经济带包括上海、江苏、浙江、安徽、江西、湖北、湖南、重庆、四川、贵州、云南 11 个省级行政区。

二、术语定义

1.用水总量：各类河道外用水户取用的包括输水损失在内的毛水量之和，按照农业用水、工业用水、生活用水和人工生态环境补水四大类用户统计，不包括海水直接利用量以及水力发电、航运等河道内用水量。农业用水包括耕地和林地、园地、牧草地灌溉用水，鱼塘补水及畜禽用水；工业用水指工矿企业用于生产活动的水量，包括主要生产用水、辅助生产用水（如机修、运输、空压站等）和附属生产用水（如绿化、办公室、浴室、食堂、厕所、保健站等），按新水取用量计，不包括企业内部的重复利用水量；生活用水包括居民生活用水和公共设施用水（含第三产业及建筑业等用水）；人工生态环境补水包括城乡环境用水以及具有人工补水工程和明确补水目标的河湖、湿地补水等，不包括降水、径流自然满足的水量。

2.非常规水：也称非常规水源，指经处理后可以利用或在一定条件下可直接利用的再生水、集蓄雨水、海水及海水淡化水、矿坑（井）水和微咸水等。非常规水利用量指再生水、集蓄雨水、海水淡化水、矿坑（井）水、微咸水利用量之和。再生水利用量统计经过污水处理厂集中处理后的回用水量，不包括企业内部废污水处理的重复利用量；集蓄雨水利用量统计通过修建集雨场地和微型蓄雨工程（水窖、水柜、雨水罐、水池、坑塘等）取得的供水量；海水淡化水利用量统计海水经过淡化设施处理后供给的水量；矿坑（井）水利用量统计采矿企业的露天矿坑水、矿井水或疏干排水被第三方直接或经过处理后所利用的水量，不包括采矿企业自用的矿坑（井）水量；微咸水利用量统计矿化度为 2g/L~5g/L 的地下水利用量。

3.海水直接利用量：以海水为原水，直接替代淡水作为直流冷却、循环冷却等用途的水量。海水直接利用量单独统计，不纳入用水总量统计中。

三、指标解释

1.人均综合用水量：用水总量与常住人口的比值。

2.万元国内生产总值用水量：用水总量与国内生产总值的比值。

3.万元工业增加值用水量：工业用水量与工业增加值的比值。

4.耕地实际灌溉亩均用水量：耕地灌溉用水量与耕地实际灌溉面积的比值。

5.农田灌溉水有效利用系数：灌入田间蓄积于土壤根系层中可供作物利用的水量与灌溉毛用水量的比值。

6. 高效节水灌溉面积：采用管道输水灌溉、喷灌和微灌等管道系统输水的节水灌溉措施，提高用水效率和效益的灌溉面积。

7. 灌溉面积：一个地区当年农、林、牧等灌溉面积的总和，也称有效灌溉面积。

8. 非常规水利用量占比：非常规水利用量与用水总量的比值。

9. 人均生活用水量：生活用水量与常住人口的比值。

10. 人均居民生活用水量：居民生活用水量与常住人口的比值。

11. 火（核）电工业直流式冷却用水量：采用直流式冷却方式的火（核）电工业用水量。

12. 计划用水覆盖率：一定范围内纳入计划用水管理的非居民用水户数与应纳入计划用水管理的非居民用水户数的比值。

13. 工业用水重复利用率：在一定的计量时间内，工业生产过程中使用的重复利用水量与用水量的比值。重复利用水量指用水户内部重复使用的水量，包括直接或者经过处理后回收再利用的水量。

14. 节水型企业覆盖率：一定范围内节水型企业数量与企业总数的比值。

15. 供水管网漏损率：统计期内，一定范围内供水管网漏损水量与总取水量的比值。

16. 人均年用水量：年用水量与用水人数的比值。

17. 高校用水量：在一定时期内，高校取自任何常规水源和非常规水，并被其第一次利用的水量的总和（包括教学楼、办公楼、食堂、宿舍、浴室、实验室、体育场馆、图书馆、景观绿化、附属设备等与办学相关的用水量，不包括学校附属的子弟学校、家属区、宾馆等用水量）。

18. 再生水厂：以污水或达到《污水综合排放标准》（GB 8978）或《城镇污水处理厂污染物排放标准》（GB 18918）的污水处理厂出水为水源，生产和供给再生水的企业和单位。

19. 再生水生产能力：再生水利用系统在收集、二级处理、深度处理、再生水输配干管等环节按设计能力计算的综合生产能力。

20. 雨水集蓄利用工程：采取工程措施，对雨水进行收集、存贮和综合利用的微型水利工程（水窖、水柜、雨水罐、水池、坑塘等）。

21. 雨水集蓄利用工程蓄水容积：雨水集蓄利用工程的最大蓄水量。

四、数据说明

1. 除特别说明，《报告》中指标新增量均指 2023 年度新增。

2.高校的统计范围为年用水量 10 万 m³ 及以上的普通高等学校、职业高等学校和成人高等学校。同一高校不同校区视为不同用水户分开统计。

3.再生水厂的统计范围为出水水质达到地表水准Ⅳ类及以上的污水处理厂和以污水处理厂达标排放水为水源单独建设的水质净化厂。按照《城镇污水处理厂污染物排放标准》（GB 18918）一级 A、一级 B 等标准直接排水的污水处理厂不纳入再生水厂统计。

4.雨水集蓄利用工程的统计口径为蓄水容积 500m³ 及以上的水窖、水柜、雨水罐、水池、坑塘等，不含水库和坝塘。

5.合同节水管理项目的统计口径为通过合同节水管理服务平台申报并审核的项目。

6.《报告》中所使用的计量单位，一般采用国际统一法定标准计量单位，个别沿用水利统计惯用单位。

7.《报告》中部分数据因数字位取舍而产生的计算误差，均未作调整。

8.符号使用说明：各表中"—"表示该项统计指标数据不详或不涉及该项统计指标；"0.0"表示经统计及数字位取舍后的数值；"0"表示经统计为 0。

五、编制单位

《报告》由水利部会同国家发展改革委、工业和信息化部、住房城乡建设部、农业农村部、教育部、科技部、司法部、财政部、自然资源部、生态环境部、交通运输部、商务部、中国人民银行、税务总局、市场监管总局、国家统计局、国管局、国家能源局、国家疾控局组织编制。参与编制的单位包括水利部节约用水促进中心、中国水利水电科学研究院、水利部综合事业局、中国灌溉排水发展中心，以及各省级水行政主管部门。其中，水利部节约用水促进中心负责统稿并提供技术支撑；中国水利水电科学研究院、水利部综合事业局、中国灌溉排水发展中心提供相关数据资料；各省级水行政主管部门收集部分省级数据资料。各流域管理机构根据分工复核相关省级水行政主管部门收集的数据资料。

目 录
CONTENTS

编写说明

一 综述 ·· 01

二 全国节约用水水平 ····················· 03

　（一）　用水总量 ····························· 03

　（二）　用水效率 ····························· 06

三 农业节水增效 ····························· 11

　（一）　农业用水 ····························· 11

　（二）　典型大中型灌区用水 ··········· 13

四 工业节水减排 ····························· 14

　（一）　工业用水 ····························· 14

　（二）　典型工业园区用水 ··············· 16

五 城镇节水降损 ····························· 17

　（一）　城镇生活用水 ····················· 17

　（二）　公共机构用水 ····················· 19

六 非常规水利用 ····························· 22

　（一）　各类非常规水利用 ··············· 22

　（二）　各领域非常规水利用 ··········· 23

　（三）　非常规水利用设施 ··············· 26

七 重点区域节水 ····························· 28

　（一）　黄河流域 ····························· 28

　（二）　京津冀地区 ························· 28

　（三）　粤港澳大湾区 ····················· 28

（四）　长三角地区 ·· 28

（五）　长江经济带 ·· 29

八　节水载体建设 ·· 30

（一）　节水型社会建设达标县（区）······················ 30

（二）　节水型城市 ·· 30

（三）　节水型工业企业和园区 ································ 31

（四）　节水型灌区 ·· 31

（五）　公共机构节水型单位 ······························· 31

（六）　节水型高校 ·· 32

九　计划用水管理 ·· 33

（一）　河道外取水户计划用水 ································ 33

（二）　公共供水用水户计划用水 ··························· 33

十　节水产业发展 ·· 35

（一）节水科技 ·· 35

（二）水权水市场 ·· 38

（三）合同节水管理 ·· 40

（四）水效标识 ·· 41

（五）水效领跑 ·· 42

（六）节水投融资 ·· 42

（七）节水认证 ·· 42

十一　节水科普宣传 ·· 44

十二　节水法规政策标准 ·· 47

（一）节水法规政策 ·· 47

（二）节水标准定额 ·· 48

一 综述

2023 年，水利部会同有关部门和地区，全面贯彻落实党的二十大、二十届二中全会精神和习近平总书记关于治水重要论述精神，深入贯彻落实全面节约战略和节水优先方针，扎实推进节约用水各项工作，节水工作取得明显成效。

1. 总量强度双控

2023 年全国用水总量 5906.5 亿 m³，较 2022 年减少 91.7 亿 m³。全国万元国内生产总值（当年价）用水量 46.9m³，万元工业增加值（当年价）用水量 24.3m³，按可比价计算分别较 2022 年下降 6.4% 和 3.9%。农田灌溉水有效利用系数提升到 0.576。非常规水利用量占比提高至 3.6%。

2. 行业领域节水

农业节水增效：2023 年全国农业用水量 3672.4 亿 m³，较 2022 年减少 108.9 亿 m³；灌溉面积 12.09 亿亩，较 2022 年增加 0.24 亿亩；新增高效节水灌溉面积 2462.2 万亩。工业节水减排：2023 年全国工业用水量 970.2 亿 m³，较 2022 年增加 1.8 亿 m³，其中火（核）电工业直流式冷却用水量 490.0 亿 m³，较 2022 年增加 7.3 亿 m³。城镇节水降损：2023 年全国生活用水量 909.8 亿 m³，较 2022 年增加 4.1 亿 m³，人均生活用水量 177L/d，人均居民生活用水量 125L/d。

3. 非常规水利用

2023 年全国非常规水利用量 212.3 亿 m³，较 2022 年增加 36.5 亿 m³。其中再生水利用量达 177.6 亿 m³，较 2022 年增加 26.7 亿 m³。农业领域、工业领域、生活领域、人工生态环境领域非常规水利用量分别为 25.9 亿 m³、46.7 亿 m³、7.8 亿 m³、131.9 亿 m³。

4. 重点区域节水

2023 年，黄河流域九省（自治区）用水总量 1256.4 亿 m³；京津冀地区用水总量

259.9 亿 m³；粤港澳大湾区用水总量 217.8 亿 m³；长三角地区用水总量 1119.5 亿 m³；长江经济带用水总量 2584.3 亿 m³。

5. 节水载体建设

截至 2023 年，全国建成节水型社会达标县（区）六批 1763 个、国家节水型城市十一批 145 个、节水型工业企业 25123 家、节水型灌区 485 个、省级及以上公共机构节水型单位 2912 家、节水型高校 1546 所。

6. 计划用水管理

2023 年，全国纳入计划用水管理的河道外取水户 45.7 万户，计划用水量 4585.6 亿 m³，实际用水量 3774.7 亿 m³；全国公共供水管网内实行计划用水管理的用水户 76.3 万户（不含居民生活用水），计划用水量 378.5 亿 m³，实际用水量 294.8 亿 m³。

7. 节水产业发展

2023 年，水利部发布国家成熟适用节水技术 34 项、节水领域成熟适用水利科技成果 7 项，工业和信息化部、水利部发布国家鼓励的工业节水工艺、技术和装备 171 项；通过国家水权交易平台开展水权交易 5762 单，交易水量 5.4 亿 m³，交易金额 1.4 亿元；推动实施合同节水管理项目 488 项，投资金额 33.7 亿元，年节水量约 2.0 亿 m³；发布第四批实行水效标识的产品目录；新增获得节水产品认证证书的企业 333 家，发放节水产品认证证书 1176 张；新增获得节水服务认证证书的企业 14 家，发放节水服务认证证书 14 张。

8. 节水科普宣传

截至 2023 年，全国建成线下节水科普馆 91 个，线上节水科普馆 11 个，节水教育社会实践基地 605 个。2023 年全国建成省级节水科普馆 9 个，省级节水教育基地 71 个；开展节水主题活动 2.6 万次，参加活动 1949.6 万人次，中央媒体、水利行业媒体和省级媒体发布节水相关报道约 2 万篇。

9. 节水法规政策标准

2023 年，《节约用水条例》列入《国务院 2023 年度立法工作计划》。节约用水工作部际协调机制成员单位共发布节水重要政策文件 12 项；制定修订国家节水标准定额 13 项。16 个省级行政区制定修订地方节水标准定额。

二　全国节约用水水平

（一）　用水总量

1. 全国用水总量

2023 年，全国用水总量 5906.5 亿 m^3。其中，农业用水量、工业用水量、生活用水量、人工生态环境补水量分别为 3672.4 亿 m^3、970.2 亿 m^3、909.8 亿 m^3、354.1 亿 m^3，在用水总量中的占比分别为 62.2%、16.4%、15.4%、6.0%。

2012 年以来全国用水总量总体变化相对平稳。2012—2023 年全国用水总量组成及变化见图 2-1。

图 2-1　2012—2023 年全国用水总量组成及变化图

2. 水资源一级区用水总量

2023 年，松花江区、黄河区、淮河区、长江区、珠江区 5 个水资源一级区用水总量较 2022 年有所减少，其余 5 个水资源一级区用水总量略有增加。北方 6 区用水总量较 2022 年增加 0.1%，南方 4 区下降 2.9%。2023 年水资源一级区用水总量见表 2-1。

表 2-1　2023 年水资源一级区用水总量

水资源一级区	农业用水量 / 亿 m³	工业用水量 / 亿 m³	其中：火（核）电工业直流式冷却用水量 / 亿 m³	生活用水量 / 亿 m³	人工生态环境补水量 / 亿 m³	用水总量 / 亿 m³	用水总量与上年比较 /%
松花江区	346.1	20.8	6.6	27.1	20.1	414.0	-4.2
辽河区	137.3	17.7	0.1	31.4	12.3	198.8	5.4
海河区	184.9	39.4	0.2	71.2	77.0	372.4	0.5
黄河区	251.5	43.6	0.0	56.4	31.8	383.3	-2.1
淮河区	378.6	66.7	6.7	100.8	38.1	584.2	-8.6
长江区	1035.5	589.2	413.8	346.0	83.0	2053.7	-4.2
其中：太湖流域	59.8	211.9	174.8	62.1	9.6	343.4	-0.8
东南诸河区	144.6	51.5	10.4	68.7	20.9	285.7	0.2
珠江区	458.6	118.6	52.1	172.2	23.0	772.4	-0.9
西南诸河区	87.4	5.1	0.0	12.3	1.7	106.5	0.3
西北诸河区	647.8	17.5	0.2	23.8	46.2	735.4	11.1
北方 6 区	1946.4	205.7	13.7	310.7	225.4	2688.2	0.1
南方 4 区	1726.0	764.5	476.3	599.1	128.7	3218.3	-2.9
合计	**3672.4**	**970.2**	**490.0**	**909.8**	**354.1**	**5906.5**	**-1.5**

3. 省级行政区用水总量

2023 年，天津、山西、黑龙江、上海、江苏、安徽、江西、河南、湖北、湖南、广东、广西、贵州、云南、陕西、宁夏 16 个省级行政区用水总量较 2022 年有所减少，其余 15 个省级行政区用水总量较 2022 年持平或略有增加。2023 年省级行政区用水总量及年际变化见表 2-2。

表 2-2　2023 年省级行政区用水总量及年际变化

省级行政区	用水总量 / 亿 m³	与上年比较 / %
北　京	40.7	1.8
天　津	32.7	−2.7
河　北	186.5	2.2
山　西	69.7	−3.3
内蒙古	202.9	6.0
辽　宁	126.1	0.1
吉　林	105.4	0.9
黑龙江	288.9	−6.1
上　海	104.8	−0.9
江　苏	571.4	−6.6
浙　江	169.6	1.1
安　徽	273.7	−8.9
福　建	168.1	0.1
江　西	240.6	−10.8
山　东	223.4	2.9
河　南	208.8	−8.4
湖　北	336.4	−4.7
湖　南	308.9	−6.7
广　东	400.4	−0.3
广　西	258.5	−2.1
海　南	45.6	0.0
重　庆	70.8	2.9
四　川	252.5	0.4
贵　州	93.2	−3.2
云　南	162.3	−0.7
西　藏	32.2	1.3
陕　西	93.6	−1.4
甘　肃	115.8	2.6
青　海	24.9	1.6
宁　夏	64.8	−2.3
新　疆	633.3	11.8
合　计	**5906.5**	**−1.5**

（二）用水效率

1. 全国用水效率

2023年，全国人均综合用水量419m³，万元国内生产总值（当年价）用水量46.9m³，万元工业增加值（当年价）用水量24.3m³，农田灌溉水有效利用系数为0.576，耕地实际灌溉亩均用水量347m³，非常规水利用量占比为3.6%。按可比价计算，万元国内生产总值用水量和万元工业增加值用水量分别较2022年下降6.4%和3.9%。

2. 水资源一级区用水效率

2023年水资源一级区用水效率主要指标见表2-3。

表2-3　2023年水资源一级区用水效率主要指标

水资源一级区	人均综合用水量 /m³	万元国内生产总值用水量 / m³	万元工业增加值用水量 /m³	耕地实际灌溉亩均用水量 / m³	人均生活用水量 /（L/d）	人均居民生活用水量 /（L/d）
松花江区	766	137.1	43.4	368	137	102
辽河区	379	55.9	16.2	232	164	114
海河区	249	28.5	11.6	161	130	93
黄河区	316	41.3	11.8	258	128	93
淮河区	283	34.9	12.8	215	134	102
长江区	438	45.3	42.5	408	202	139
其中：太湖流域	502	27.8	51.2	450	249	152
东南诸河区	312	25.2	12.7	457	205	137
珠江区	369	41.7	19.5	658	226	159
西南诸河区	504	92.4	26.3	409	159	113
西北诸河区	2146	285.3	19.3	497	191	153

3. 省级行政区用水效率

2023年省级行政区用水效率主要指标见表2-4，全国各指标分布见图2-2~图2-6。

表 2-4　2023 年省级行政区用水效率主要指标

省 级行政区	人均综合用水量 /m³	万元国内生产总值用水量 /m³	万元工业增加值用水量 /m³	农田灌溉水有效利用系数	耕地实际灌溉亩均用水量 /m³	非常规水利用量占比 /%
北 京	186	9.3	5.6	0.752	127	31.4
天 津	240	19.5	8.6	0.723	230	19.0
河 北	252	42.4	11.6	0.678	152	9.4
山 西	201	27.1	9.5	0.571	167	8.9
内蒙古	846	82.4	15.0	0.583	207	3.9
辽 宁	301	41.7	14.4	0.593	341	5.9
吉 林	450	77.9	23.2	0.608	285	3.1
黑龙江	938	181.9	29.2	0.612	421	1.1
上 海	422	22.2	60.8	0.740	434	0.9
江 苏	671	44.6	51.2	0.622	400	2.6
浙 江	257	20.5	12.3	0.612	376	3.4
安 徽	447	58.2	57.0	0.572	242	2.8
福 建	402	30.9	12.9	0.569	589	3.6
江 西	532	74.7	33.9	0.538	566	1.4
山 东	220	24.3	11.5	0.650	158	8.3
河 南	212	35.3	12.3	0.627	151	6.5
湖 北	576	60.3	42.8	0.542	379	2.0
湖 南	469	61.8	35.1	0.560	474	1.7
广 东	316	29.5	15.1	0.535	726	3.3
广 西	513	95.0	51.1	0.525	732	1.5
海 南	440	60.4	19.5	0.577	742	1.1
重 庆	221	23.5	25.6	0.513	300	9.0
四 川	302	42.0	12.4	0.503	356	2.8
贵 州	241	44.6	19.3	0.498	378	1.5
云 南	347	54.1	18.2	0.518	345	2.5
西 藏	882	134.4	48.2	0.460	513	0.7
陕 西	237	27.7	7.9	0.584	260	7.6
甘 肃	467	97.6	18.8	0.582	421	3.3
青 海	418	65.4	24.9	0.509	432	4.1
宁 夏	889	121.9	22.8	0.579	515	3.8
新 疆	2443	331.1	17.5	0.581	523	2.2

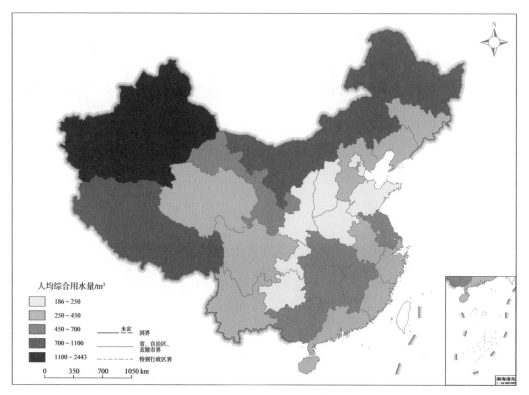

图 2-2 2023 年全国人均综合用水量分布图

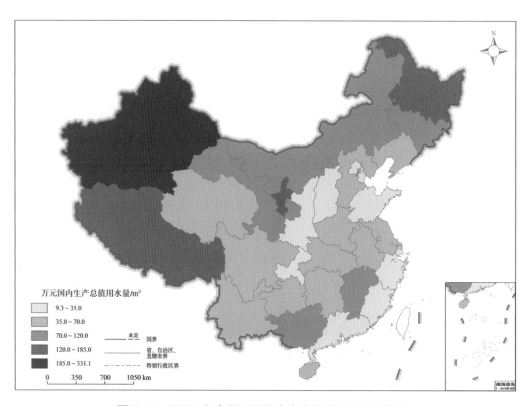

图 2-3 2023 年全国万元国内生产总值用水量分布图

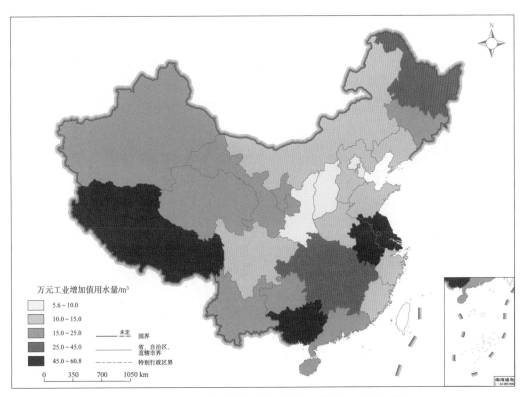

图 2-4　2023 年全国万元工业增加值用水量分布图

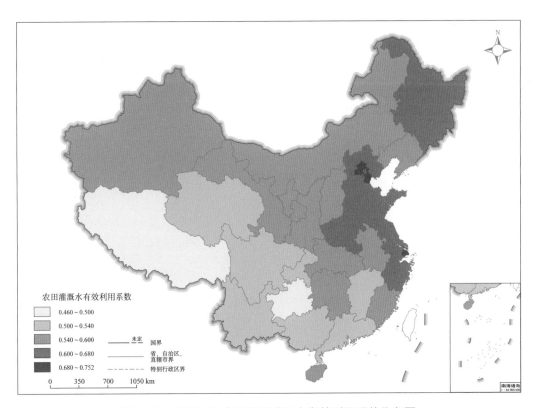

图 2-5　2023 年全国农田灌溉水有效利用系数分布图

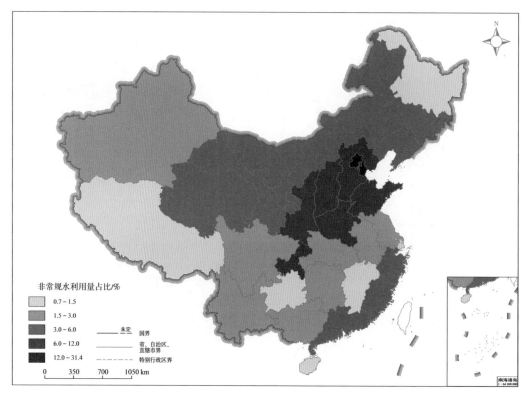

图 2-6　2023 年全国非常规水利用量占比分布图

三 农业节水增效

（一） 农业用水

1. 全国农业用水

2023 年，全国农业用水量 3672.4 亿 m^3，较 2022 年减少 108.9 亿 m^3，较 2012 年减少 5.9%；灌溉面积 12.09 亿亩，较 2022 年增加 0.24 亿亩；新增高效节水灌溉面积 2462.2 万亩。2012 年以来，全国农业用水量呈波动下降趋势，灌溉面积呈持续增加趋势。

2012—2023 年全国农业用水量及灌溉面积变化见图 3-1。

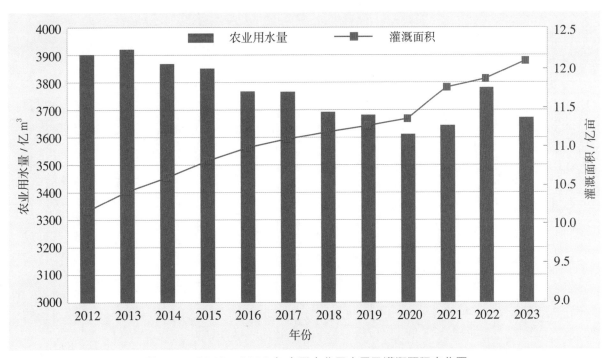

图 3-1　2012—2023 年全国农业用水量及灌溉面积变化图

2. 省级行政区农业用水

2023 年，北京、天津、山西、辽宁、黑龙江、上海、江苏、浙江、安徽、江西、河南、湖北、湖南、广东、广西、海南、重庆、四川、贵州、陕西、青海、宁夏 22 个省级行政区农业用水量较 2022 年减少，其余 9 个省级行政区农业用水量较 2022 年略有增加。2023 年省级行政区农业用水量及灌溉面积见表 3-1。

表 3-1　2023 年省级行政区农业用水量及灌溉面积

省级行政区	农业用水量 / 亿 m³		灌溉面积 / 万亩	新增高效节水灌溉面积 / 万亩
	2023 年	与上年比较		
北　京	2.5	-0.1	350.1	4.2
天　津	9.4	-0.6	522.1	14.1
河　北	100.7	0.3	6875.1	259.2
山　西	37.8	-2.7	2345.1	85.6
内蒙古	154.1	10.7	7845.7	156.1
辽　宁	74.6	-0.6	2734.5	22.6
吉　林	77.4	0.8	2968.7	173.7
黑龙江	259.4	-14.4	9375.4	37.2
上　海	13.7	-3.5	257.8	4.4
江　苏	240.0	-45.8	7334.5	31.3
浙　江	73.1	-0.3	2175.1	7.4
安　徽	148.2	-27.5	7436.5	25.6
福　建	97.6	0.4	2538.9	10.7
江　西	169.2	-25.3	3475.8	22.2
山　东	128.1	5.4	9113.7	216.7
河　南	118.6	-16.9	8886.5	318.1
湖　北	189.7	-6.0	5140.0	24.7
湖　南	197.2	-22.8	4628.7	14.6
广　东	197.5	-1.2	3071.6	9.0
广　西	182.5	-7.5	2761.6	10.0
海　南	32.1	-1.8	582.6	0.7
重　庆	25.5	-2.0	1177.0	31.0
四　川	162.0	-2.8	5256.6	67.9
贵　州	60.3	-2.8	1880.3	29.7
云　南	113.9	2.4	3266.1	67.3

省 级 行政区	农业用水量 / 亿 m³		灌溉面积 / 万亩	新增高效节水灌溉 面积 / 万亩
	2023 年	与上年比较		
西　藏	27.6	0.5	786.5	0.7
陕　西	55.0	−2.5	2171.8	72.2
甘　肃	91.4	9.1	2400.4	166.4
青　海	16.7	−0.4	469.8	1.2
宁　夏	53.0	−0.7	1075.1	52.9
新　疆	563.6	49.7	12003.4	524.8
合　计	**3672.4**	**−108.9**	**120907.0**	**2462.2**

（二）典型大中型灌区用水

2023年选取7个典型大型灌区和7个典型中型灌区,用水情况分别见表3-2和表3-3。

表 3-2　2023 年典型大型灌区节水指标

省 级 行政区	灌区	农业灌溉用水量 / 万 m³	灌溉面积 / 万亩	农田灌溉水有效 利用系数	节水灌溉面积占 比 /%
河　北	石津灌区	43360.0	133.1	0.507	70.0
黑龙江	龙凤山灌区	27642.0	38.4	0.523	70.0
江　苏	堤东灌区	17481.3	122.4	0.608	72.0
福　建	山美灌区	21055.0	43.0	0.517	94.8
山　东	位山灌区	75291.0	438.3	0.538	80.5
湖　南	韶山灌区	51109.0	86.4	0.570	69.8
广　西	右江灌区	12736.0	23.4	0.518	69.0

表 3-3　2023 年典型中型灌区节水指标

省 级 行政区	灌区	农业灌溉用水量 / 万 m³	灌溉面积 / 万亩	农田灌溉水有效 利用系数	节水灌溉面积占 比 /%
河　北	灵正灌区	729.0	2.2	0.609	85.0
黑龙江	河东灌区	2160.0	3.3	0.560	100.0
江　苏	新禹河灌区	5432.0	15.0	0.690	73.0
福　建	茜安灌区	1980.0	4.1	0.590	57.6
山　东	大崔灌区	1313.0	7.5	0.627	93.6
湖　南	红旗灌区	2115.0	4.5	0.591	98.7
广　西	苏烟灌区	2372.0	3.1	0.530	67.0

四 工业节水减排

（一）工业用水

1. 全国工业用水

2023 年，全国工业用水量 970.2 亿 m³，较 2022 年增加 1.8 亿 m³，较 2012 年减少 29.7%；其中火（核）电工业直流式冷却用水量 490.0 亿 m³，较 2022 年增加 7.3 亿 m³。2012 年以来，全国工业用水量呈下降趋势。2012—2023 年全国工业用水量变化见图 4-1。

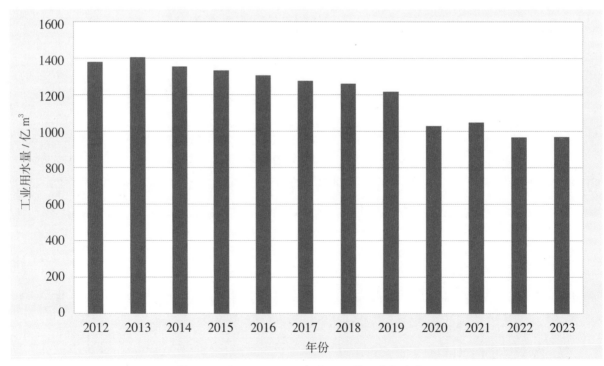

图 4-1　2012—2023 年全国工业用水量变化图

2. 省级行政区工业用水

2023 年，河北、辽宁、吉林、黑龙江、福建、江西、河南、湖北、四川、贵州、云南、陕西 12 个省级行政区工业用水量较 2022 年有所下降，其余 19 个省级行政区工业用水量较 2022 年持平或略有增加。2023 年省级行政区工业用水量见表 4-1。

表 4-1　2023 年省级行政区工业用水量

单位：亿 m^3

省　级行政区	工业用水量		其中：火（核）电工业直流式冷却用水量	
	2023 年	与上年比较	2023 年	与上年比较
北　京	2.8	0.4	0.0	0.0
天　津	4.6	0.0	0.0	0.0
河　北	16.2	−0.1	0.2	−0.1
山　西	11.6	0.0	0.0	0.0
内蒙古	14.8	1.6	0.0	0.0
辽　宁	14.7	−0.3	0.0	−0.1
吉　林	8.6	−0.1	2.2	−0.2
黑龙江	11.6	−3.0	4.5	−2.4
上　海	66.0	3.0	57.1	3.2
江　苏	251.9	6.4	206.2	5.5
浙　江	36.3	0.9	0.4	−0.6
安　徽	79.9	1.0	51.8	2.9
福　建	23.9	−0.5	10.0	0.4
江　西	37.9	−4.3	19.8	−0.7
山　东	33.5	0.4	0.0	0.0
河　南	20.7	−0.6	0.8	0.1
湖　北	70.0	−10.9	38.4	−7.1
湖　南	51.1	0.2	38.8	2.4
广　东	73.6	0.2	29.0	−0.4
广　西	35.4	3.8	23.1	4.2
海　南	1.7	0.3	0.0	0.0
重　庆	21.4	4.3	7.5	0.3
四　川	20.7	−0.5	0.0	0.0
贵　州	11.0	−0.2	0.0	0.0
云　南	13.1	−1.1	0.0	−0.2
西　藏	1.2	0.1	0.0	0.0
陕　西	10.5	−0.2	0.0	0.0
甘　肃	6.4	0.1	0.0	0.0
青　海	3.2	0.5	0.0	0.0
宁　夏	4.9	0.4	0.0	0.0
新　疆	11.3	0.4	0.2	0.1
合　计	**970.2**	**1.8**	**490.0**	**7.3**

（二）典型工业园区用水

2023 年选取 8 个典型工业园区，用水情况见表 4-2。

表 4-2　2023 年典型工业园区用水

工业园区	主要产业类型	工业总产值/亿元	用水量/万 m³	计划用水覆盖率/%	工业用水重复利用率/%	节水型企业覆盖率/%	非常规水利用量占比/%	供水管网漏损率/%
安徽阜阳界首高新技术产业开发区	资源综合利用	788.3	137.9	100.0	89.4	2.8	5.8	9.0
石家庄高新技术产业开发区	医药	1662.0	5632.1	100.0	96.5	16.0	34.4	5.0
江苏江阴高新技术产业开发区	钢铁	1760.7	4824.3	100.0	86.0	3.0	14.5	9.4
成都高新技术产业开发区	电子信息	6212.5	257.3	100.0	93.8	1.2	52.0	9.9
湖南株洲高新技术产业开发区	轨道交通装备	2634.2	698.7	100.0	88.0	6.0	2.0	11.0
山东潍坊高新技术产业开发区	其他装备	1308.0	3973.8	100.0	95.0	25.0	6.0	4.9
江苏泰州医药高新技术产业开发区	医药	2356.8	5911.5	100.0	78.8	9.0	15.0	7.5
湖南宁乡高新技术产业开发区	新材料	770.0	928.2	100.0	95.1	6.0	2.0	5.0

五 城镇节水降损

（一）城镇生活用水

1. 全国城镇生活用水

2023 年，全国生活用水量 909.8 亿 m³，较 2022 年增加 4.1 亿 m³，较 2012 年增加 23.0%。2012 年以来，全国生活用水量呈缓慢增加趋势。2012—2023 年全国生活用水量变化见图 5-1。

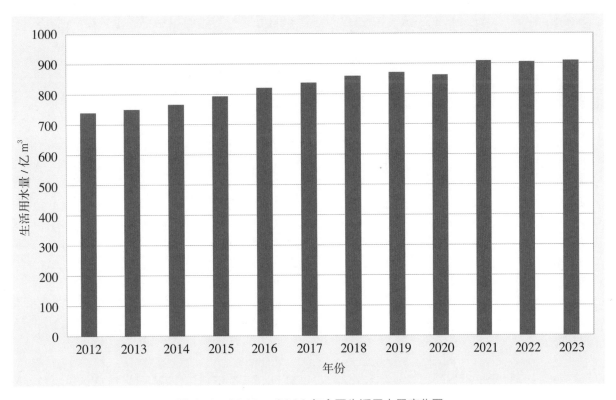

图 5-1　2012—2023 年全国生活用水量变化图

2.省级行政区城镇生活用水

2023年，内蒙古、黑龙江、福建、河南、湖南、广东、广西、重庆、云南、西藏10个省级行政区生活用水量较2022年有所下降，其余21个省级行政区生活用水量较2022年持平或略有增加。2023年省级行政区生活用水量见表5-1。

表5-1 2023年省级行政区生活用水量

省 级 行政区	生活用水量 / 亿 m³		人均生活用水量 / (L/d)	人均居民生活用水量 /(L/d)	公共机构人均年用水量 /m³
	2023 年	与上年比较			
北 京	19.0	0.4	238	145	22.0
天 津	7.6	0.4	152	105	15.0
河 北	28.0	0.2	104	79	18.1
山 西	15.2	0.1	120	90	19.6
内蒙古	11.2	−0.1	128	89	15.9
辽 宁	26.4	0.0	173	118	20.7
吉 林	13.1	0.3	153	108	13.8
黑龙江	14.7	−0.7	131	101	20.5
上 海	24.2	0.4	267	154	24.7
江 苏	66.0	0.4	212	141	19.7
浙 江	53.6	1.1	222	142	28.8
安 徽	36.5	0.4	163	125	21.6
福 建	30.1	−1.7	197	135	25.2
江 西	29.5	0.3	179	133	21.0
山 东	43.7	2.4	118	88	19.0
河 南	42.1	−1.5	117	91	17.8
湖 北	52.5	0.8	246	150	16.9
湖 南	45.5	−0.4	189	135	35.3
广 东	115.9	−0.8	250	167	26.6
广 西	35.3	−0.8	192	153	20.0
海 南	9.7	0.6	257	182	25.5
重 庆	22.3	−0.1	191	140	21.4
四 川	59.8	2.0	196	147	26.9
贵 州	20.8	0.5	147	116	24.6
云 南	26.4	−1.2	154	113	17.7
西 藏	3.0	−0.3	229	135	32.0
陕 西	20.7	0.5	144	101	12.3
甘 肃	10.7	0.4	119	94	16.1
青 海	3.1	0.2	143	95	21.2
宁 夏	3.7	0.0	139	84	18.0
新 疆	19.4	0.4	205	169	19.7
合 计	909.8	4.1	—	—	—

（二）公共机构用水

1. 全国公共机构用水

2023年全国公共机构约149.9万家，用水总量107.6亿m³，人均年用水量20.7m³。2023年全国公共机构人均年用水量分布见图5-2。

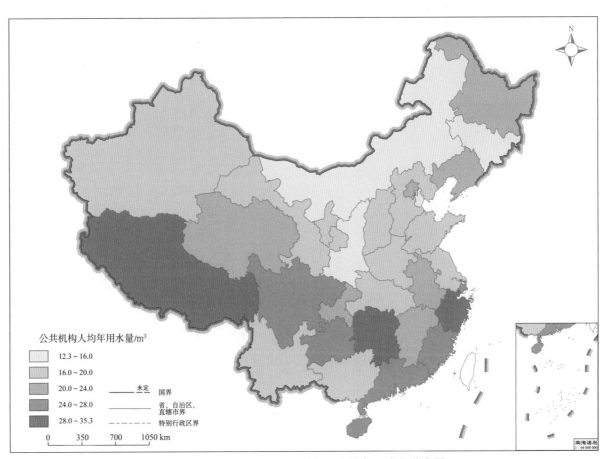

图 5-2　2023 年全国公共机构人均年用水量分布图

2. 省级行政区公共机构用水

2023年省级行政区公共机构人均年用水量见表5-1。

3. 高校用水

（1）全国高校用水。2023年，全国年用水量10万m³及以上的高校共2794所，标准人数4064.7万人，用水量16.7亿m³，人均年用水量41.2m³。2023年全国高校用水按省级行政区统计情况见表5-2。

表 5-2　2023 年全国高校用水

省级行政区	高校个数/所	高校标准人数/万人	高校用水量/万 m³	人均年用水量/m³
北　京	90	137.1	4774.5	34.8
天　津	51	79.0	3035.7	38.4
河　北	110	189.2	4659.3	24.6
山　西	67	85.3	2952.5	34.6
内蒙古	38	61.3	1583.8	25.9
辽　宁	108	132.5	4942.4	37.3
吉　林	59	89.5	2804.1	31.3
黑龙江	73	104.4	3759.3	36.0
上　海	81	89.2	4745.9	53.2
江　苏	177	265.8	11363.8	42.8
浙　江	105	126.1	5274.3	41.8
安　徽	122	170.6	7272.3	42.6
福　建	63	88.0	4368.1	49.7
江　西	106	157.7	6776.6	43.0
山　东	182	287.3	9914.3	34.5
河　南	94	220.0	7547.6	34.3
湖　北	131	199.8	11710.2	58.6
湖　南	136	236.4	11020.8	46.6
广　东	212	293.5	14017.0	47.8
广　西	130	161.0	6940.0	43.1
海　南	24	33.2	1421.9	42.8
重　庆	80	122.4	5221.2	42.6
四　川	173	237.4	10859.1	45.7
贵　州	83	97.6	3802.4	39.0
云　南	88	104.7	5058.0	48.0
西　藏	12	6.6	617.7	94.0
陕　西	94	155.2	5917.9	38.1
甘　肃	50	68.6	2030.9	29.6
青　海	12	10.0	287.4	28.6
宁　夏	21	23.1	994.0	43.0
新　疆	22	32.2	1763.0	54.7
合　计	2794	4064.7	167436.0	—

注　2023 年河南省高校用水量仅包含从常规水源提取并被第一次利用的水量。

（2）典型高校用水。2023 年选取 31 所典型高校，用水情况见表 5-3。

表 5-3　2023 年典型高校用水

高校	高校标准人数 / 人	高校用水量 / 万 m³	人均年用水量 /m³
北京工业大学	29290	59.3	20.2
天津轻工职业技术学院	11488	32.8	28.6
衡水职业技术学院	7000	8.9	12.7
山西水利职业技术学院	7776	13.5	17.4
内蒙古科技大学包头师范学院	13730	34.6	25.2
沈阳工业大学	23547	81.5	34.6
吉林农业大学	25169	78.0	31.0
哈尔滨工程大学	36292	127.7	35.2
同济大学	53130	309.3	58.2
南京大学（仙林校区）	40247	170.5	42.4
浙江农林大学	29560	113.0	38.2
中国科学技术大学	43692	252.0	57.7
福建理工大学	17970	93.1	51.8
华东交通大学	32546	115.0	35.3
山东建筑大学	27265	59.8	21.9
华北水利水电大学（龙子湖校区）	45396	154.2	34.0
华中农业大学	35995	192.0	53.3
中南大学	68726	290.4	42.3
顺德职业技术学院	15302	68.4	44.7
广西水利电力职业技术学院（里建校区）	15950	88.1	55.2
海南大学	47758	175.8	36.8
重庆水利电力职业技术学院	13500	33.8	25.0
乐山师范学院	20846	43.9	21.1
黔南民族师范学院	14155	53.3	37.6
西南林业大学	23310	90.5	38.8
西藏民族大学（渭城校区）	15988	77.9	48.7
西安思源学院	22421	66.0	29.4
兰州大学（榆中校区）	24807	80.6	32.5
青海建筑职业技术学院	5233	12.5	23.8
宁夏大学文萃校区	10459	49.2	47.0
中国石油大学（北京）克拉玛依校区	4700	15.9	33.8

注　2023 年华北水利水电大学（龙子湖校区）用水量仅包含从常规水源提取并被第一次利用的水量。

六　非常规水利用

（一）各类非常规水利用

1. 全国非常规水利用

2023 年全国非常规水利用量为 212.3 亿 m^3。其中，再生水利用量为 177.6 亿 m^3，占非常规水利用量的 83.7%；集蓄雨水利用量为 10.8 亿 m^3，占非常规水利用量的 5.1%；海水淡化水利用量为 3.8 亿 m^3，占非常规水利用量的 1.8%；矿坑（井）水利用量为 7.5 亿 m^3，占非常规水利用量的 3.5%；微咸水利用量为 12.6 亿 m^3，占非常规水利用量的 5.9%。2023 年全国各类非常规水利用量占比见图 6-1。

与 2022 年相比，2023 年全国非常规水利用量增加 36.5 亿 m^3。其中，再生水利用量增加 26.7 亿 m^3，集蓄雨水利用量增加 0.3 亿 m^3，海水淡化水利用量减少 0.2 亿 m^3，矿坑（井）水利用量增加 0.3 亿 m^3，微咸水利用量增加 9.4 亿 m^3。

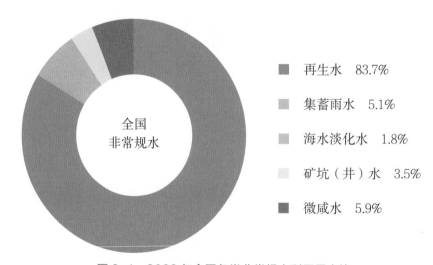

图 6-1　2023 年全国各类非常规水利用量占比

2012—2023 年，全国非常规水利用量呈现逐年增加趋势，累计增加 164.7 亿 m³。其中，再生水利用量增加 141.8 亿 m³，集蓄雨水利用量增加 3.1 亿 m³，海水淡化水利用量增加 2.7 亿 m³，微咸水利用量增加 9.6 亿 m³。2012—2023 年全国各类非常规水利用量见表 6-1。

表 6-1 2012—2023 年全国各类非常规水利用量

单位：亿 m³

年份	再生水	集蓄雨水	海水淡化水	矿坑（井）水	微咸水	合计
2012	35.8	7.7	1.1	—	3.0	47.6
2013	36.8	12.3	0.8	—	3.0	52.9
2014	46.5	10.1	0.9	—	3.2	60.7
2015	52.7	11.2	0.7	—	4.1	68.7
2016	59.2	10.3	1.3	—	2.8	73.6
2017	66.1	13.8	1.2	—	2.4	83.5
2018	73.5	11.4	1.5	—	2.3	88.7
2019	87.3	9.6	1.3	6.2	3.3	107.7
2020	109.0	7.9	2.3	8.9	3.9	132.0
2021	117.2	6.9	2.9	8.0	3.3	138.3
2022	150.9	10.5	4.0	7.2	3.2	175.8
2023	177.6	10.8	3.8	7.5	12.6	212.3

2. 省级行政区非常规水利用

2023 年，非常规水利用量在 10 亿 m³ 及以上的省级行政区有北京、河北、江苏、山东、河南、广东、新疆。其中，山东非常规水利用量最高，为 18.6 亿 m³；河北和山东再生水利用量最高，均为 15.3 亿 m³；四川集蓄雨水利用量最高，为 2.5 亿 m³；浙江海水淡化水利用量最高，为 1.8 亿 m³；内蒙古矿坑（井）水利用量最高，为 1.5 亿 m³；新疆微咸水利用量最高，为 8.4 亿 m³。2023 年省级行政区各类非常规水利用量见表 6-2。

（二）各领域非常规水利用

1. 全国各领域非常规水利用

2023 年，全国非常规水用于农业领域 25.9 亿 m³，工业领域 46.7 亿 m³，生活领域 7.8 亿 m³，人工生态环境领域 131.9 亿 m³。

2. 省级行政区各领域非常规水利用

2023 年省级行政区各领域非常规水利用量见表 6-3。

表 6-2　2023 年省级行政区各类非常规水利用量

单位：亿 m³

省 级行政区	再生水	集蓄雨水	海水淡化水	矿坑（井）水	微咸水	合计
北　京	12.8	0.0	0.0	0.0	0.0	**12.8**
天　津	5.9	0.0	0.3	0.0	0.0	**6.2**
河　北	15.3	0.5	0.7	0.4	0.6	**17.6**
山　西	5.5	0.1	0.0	0.6	0.0	**6.2**
内蒙古	6.2	0.0	0.0	1.5	0.2	**7.9**
辽　宁	7.0	0.0	0.3	0.1	0.0	**7.5**
吉　林	3.3	0.0	0.0	0.0	0.0	**3.3**
黑龙江	2.8	0.0	0.0	0.2	0.0	**3.1**
上　海	0.9	0.0	0.0	0.0	0.0	**0.9**
江　苏	14.2	0.8	0.0	0.0	0.0	**15.0**
浙　江	3.9	0.1	1.8	0.0	0.0	**5.8**
安　徽	7.0	0.1	0.0	0.7	0.0	**7.8**
福　建	5.9	0.1	0.0	0.0	0.0	**6.1**
江　西	1.8	1.4	0.0	0.3	0.0	**3.4**
山　东	15.3	0.3	0.5	0.8	1.7	**18.6**
河　南	13.0	0.0	0.0	0.5	0.0	**13.5**
湖　北	6.6	0.1	0.0	0.1	0.0	**6.7**
湖　南	4.9	0.2	0.0	0.0	0.0	**5.1**
广　东	11.8	1.1	0.2	0.0	0.0	**13.1**
广　西	2.9	0.8	0.0	0.2	0.0	**3.9**
海　南	0.5	0.0	0.0	0.0	0.0	**0.5**
重　庆	6.2	0.2	0.0	0.0	0.0	**6.3**
四　川	4.4	2.5	0.0	0.1	0.0	**7.0**
贵　州	0.7	0.1	0.0	0.5	0.0	**1.4**
云　南	2.9	1.2	0.0	0.0	0.0	**4.1**
西　藏	0.2	0.0	0.0	0.0	0.0	**0.2**
陕　西	5.3	0.2	0.0	0.7	0.9	**7.1**
甘　肃	2.6	1.0	0.0	0.2	0.0	**3.8**
青　海	0.7	0.0	0.0	0.0	0.3	**1.0**
宁　夏	1.6	0.0	0.0	0.3	0.5	**2.4**
新　疆	5.5	0.0	0.0	0.2	8.4	**14.0**
合　计	**177.6**	**10.8**	**3.8**	**7.5**	**12.6**	**212.3**

表 6-3 2023 年省级行政区各领域非常规水利用量

单位：亿 m³

省级行政区	农业领域	工业领域	生活领域	人工生态环境领域
北　京	0.0	0.7	0.3	11.8
天　津	0.2	1.2	0.2	4.6
河　北	2.0	3.3	0.6	11.7
山　西	0.8	2.5	0.1	2.8
内蒙古	0.9	4.5	0.1	2.4
辽　宁	0.2	2.2	0.0	5.1
吉　林	0.0	0.4	0.0	2.9
黑龙江	0.1	0.9	0.0	2.1
上　海	0.0	0.7	0.0	0.2
江　苏	0.6	2.1	0.4	11.9
浙　江	0.0	2.9	0.9	2.0
安　徽	0.5	2.1	0.3	4.9
福　建	0.1	0.2	0.0	5.8
江　西	1.7	0.6	0.0	1.1
山　东	3.9	3.9	0.4	10.4
河　南	0.1	4.7	0.0	8.7
湖　北	0.0	0.7	0.0	6.0
湖　南	0.1	0.2	0.1	4.7
广　东	0.1	0.8	1.8	10.4
广　西	0.3	0.4	0.6	2.6
海　南	0.0	0.0	0.5	0.0
重　庆	0.0	5.5	0.0	0.8
四　川	2.3	0.4	0.1	4.2
贵　州	0.2	0.8	0.0	0.4
云　南	0.0	1.0	1.1	2.0
西　藏	0.1	0.1	0.0	0.1
陕　西	1.0	1.3	0.1	4.7
甘　肃	0.7	0.7	0.1	2.3
青　海	0.0	0.4	0.0	0.6
宁　夏	1.1	0.7	0.0	0.6
新　疆	9.0	0.8	0.0	4.2
合　计	**25.9**	**46.7**	**7.8**	**131.9**

（三）非常规水利用设施

2023 年，全国已建再生水厂 1992 个，再生水生产能力 10931.3 万 m³/d，再生水取水点 5573 个，再生水输水管线长度 28548.1km。全国蓄水容积 500m³ 及以上的已建雨水集蓄利用工程蓄水容积约 14.2 亿 m³。全国现有海水淡化工程 156 个，工程规模 252.3 万 t/d，较 2022 年增加 16.6 万 t/d。其中，万吨级及以上海水淡化工程 55 个，工程规模 230.1 万 t/d；千吨级及以上、万吨级以下海水淡化工程 51 个，工程规模 20.8 万 t/d；千吨级以下海水淡化工程 50 个，工程规模 1.4 万 t/d。截至 2023 年省级行政区再生水设施及海水淡化工程建设情况见表 6-4。

表 6-4　截至 2023 年省级行政区再生水设施及海水淡化工程统计表

省级行政区	已建再生水厂个数 /个	再生水生产能力 /（万 m³/d）	再生水输水管线长度 /km	海水淡化工程规模 /（万 t/d）
北　京	74	704.2	2317.0	—
天　津	71	477.8	2031.0	30.6
河　北	178	1121.0	1369.0	39.1
山　西	34	368.4	963.4	—
内蒙古	137	358.0	5696.4	—
辽　宁	15	220.5	139.0	16.1
吉　林	36	129.7	894.0	—
黑龙江	21	88.8	250.0	—
上　海	7	51.7	1.0	—
江　苏	146	555.2	512.0	0.5
浙　江	157	492.3	743.1	80.1
安　徽	46	404.2	534.0	—
福　建	20	254.1	173.9	3.8
江　西	4	86.3	271.5	—
山　东	164	607.1	1548.0	71.3
河　南	130	637.0	974.0	—
湖　北	8	318.6	61.0	—
湖　南	16	168.6	55.0	—
广　东	111	1098.5	122.0	9.8
广　西	80	356.9	61.4	0.1
海　南	20	38.5	203.4	0.9
重　庆	29	211.1	286.0	—

续表

省 级 行政区	已建再生水厂个数 /个	再生水生产能力 /（万 m³/d）	再生水输水管线长度 /km	海水淡化工程规模 /（万 t/d）
四 川	69	481.2	1403.0	—
贵 州	53	154.0	23.0	—
云 南	174	335.4	719.5	—
西 藏	0	6.2	0.0	—
陕 西	123	557.1	1007.0	—
甘 肃	40	160.6	767.0	—
青 海	6	20.5	169.0	—
宁 夏	16	71.7	839.0	—
新 疆	7	396.1	4414.5	—
合 计	**1992**	**10931.3**	**28548.1**	**252.3**

七　重点区域节水

（一）黄河流域

2023 年，黄河流域九省（自治区）用水总量 1256.4 亿 m³。其中，非常规水利用量 67.5 亿 m³（含再生水利用量 54.6 亿 m³）。海水直接利用量 130.8 亿 t。人均综合用水量 299m³，万元国内生产总值用水量 39.7m³，万元工业增加值用水量 12.0m³，非常规水利用量占比为 5.4%。

（二）京津冀地区

2023 年，京津冀地区用水总量 259.9 亿 m³。其中，非常规水利用量 36.6 亿 m³（含再生水利用量 34.0 亿 m³）。海水直接利用量 60.0 亿 t。人均综合用水量 237m³，万元国内生产总值用水量 24.9m³，万元工业增加值用水量 9.7m³，非常规水利用量占比为 14.1%。

（三）粤港澳大湾区

2023 年，粤港澳大湾区用水总量 217.8 亿 m³。其中，非常规水利用量 10.7 亿 m³（含再生水利用量 10.5 亿 m³）。海水直接利用量 275.4 亿 t。人均综合用水量 277m³，万元国内生产总值用水量 19.8m³，万元工业增加值用水量 15.6m³，非常规水利用量占比为 4.9%。

（四）长三角地区

2023 年，长三角地区用水总量 1119.5 亿 m³。其中，非常规水利用量 29.5 亿 m³（含再生水利用量 26.0 亿 m³）。海水直接利用量 489.9 亿 t。人均综合用水量 472m³，万元国内生产总值用水量 36.7m³，万元工业增加值用水量 41.9m³，非常规水利用量占比为 2.6%。

（五）长江经济带

2023 年，长江经济带用水总量 2584.3 亿 m³。其中，非常规水利用量 63.5 亿 m³（含再生水利用量 53.5 亿 m³）。海水直接利用量 489.9 亿 t。人均综合用水量 425m³，万元国内生产总值用水量 44.2m³，万元工业增加值用水量 35.9m³，非常规水利用量占比为 2.5%。

2023 年重点区域节水指标见表 7-1。

表 7-1 2023 年重点区域节水指标统计表

重点区域	用水总量 / 亿 m³	非常规水利用量 / 亿 m³	其中：再生水利用量 / 亿 m³	海水直接利用量 / 亿 t	人均综合用水量 /m³	万元国内生产总值用水量 /m³	万元工业增加值用水量 /m³	非常规水利用量占比 /%
黄河流域	1256.4	67.5	54.6	130.8	299	39.7	12.0	5.4
京津冀地区	259.9	36.6	34.0	60.0	237	24.9	9.7	14.1
粤港澳大湾区	217.8	10.7	10.5	275.4	277	19.8	15.6	4.9
长三角地区	1119.5	29.5	26.0	489.9	472	36.7	41.9	2.6
长江经济带	2584.3	63.5	53.5	489.9	425	44.2	35.9	2.5

注 粤港澳大湾区海水直接利用量按密度为 1025kg/m³ 折算。

八 节水载体建设

（一）节水型社会建设达标县（区）

1. 全国节水型社会建设达标县（区）建设情况

2023 年，全国新建成 323 个节水型社会建设达标县（区）。其中，北方地区 133 个，南方地区 190 个。

截至 2023 年，全国累计建成六批 1763 个节水型社会建设达标县（区），占县级行政区的 62.0%。其中，北方地区 922 个，建成率为 70.1%；南方地区 841 个，建成率为 55.0%。

2. 省级行政区节水型社会建设达标县（区）建设情况

截至 2023 年，节水型社会建设达标县（区）建成率达到 70% 及以上的省级行政区有北京、天津、吉林、江苏、浙江、安徽、山东、河南、陕西。其中，北京、天津建成率达到 100%。

（二）节水型城市

1. 全国国家节水型城市建设情况

2023 年，全国新建成 16 个国家节水型城市。其中，北方地区 5 个，南方地区 11 个。截至 2023 年，全国累计建成十一批 145 个国家节水型城市。

2. 省级行政区国家节水型城市建设情况

截至 2023 年，北京、天津、上海 3 个直辖市已建成国家节水型城市，国家节水型城市建成数量达到 10 个及以上的省级行政区有江苏、浙江、安徽、山东、河南。

（三）节水型工业企业和园区

1. 全国节水型工业企业和园区建设情况

2023 年，全国新建成节水型工业企业 4535 家。其中，北方地区 1415 家，南方地区 3120 家。截至 2023 年，全国累计建成节水型工业企业 25123 家，其中，北方地区 10120 家，南方地区 15003 家。

截至 2023 年，全国累计建成国家级节水型工业园区 11 个。其中，北方地区 3 个，南方地区 8 个。

2. 省级行政区节水型工业企业和园区建设情况

截至 2023 年，节水型工业企业数量达到 1000 家及以上的省级行政区有河北、江苏、浙江、安徽、江西、山东、河南、广东。其中，山东 2574 家、江苏 2358 家、浙江 2258 家，分别占全国的 10.3%、9.4%、9.0%。建成国家级节水型工业园区的省级行政区有河北、浙江、安徽、江西、山东、湖南、重庆、四川、宁夏。

（四）节水型灌区

1. 全国节水型灌区建设情况

2023 年，全国新建成省级节水型灌区 146 个。截至 2023 年，全国累计建成节水型灌区 485 个，其中国家级节水型灌区 182 个，省级节水型灌区 303 个。

2. 省级行政区节水型灌区建设情况

截至 2023 年，节水型灌区数量达到 30 个及以上的省级行政区有江苏、江西、湖南、广东。其中，江西、江苏分别建成节水型灌区 84 个、49 个。国家级节水型灌区数量达到 10 个及以上的省级行政区有江苏、浙江、山东、陕西、甘肃、新疆。其中，江苏建成国家级节水型灌区 46 个，甘肃 13 个节水型灌区均为国家级节水型灌区。

（五）公共机构节水型单位

1. 全国公共机构节水型单位建设情况

2023 年，全国省级及以上公共机构 3150 家，其中中央国家机关 78 家，省级公共机构 3072 家。

截至 2023 年，全国省级及以上公共机构节水型单位累计建成 2912 家，建成率 92.4%。其中，中央国家机关全部建成节水型单位；省级公共机构节水型单位累计建成 2834 家，建成率为 92.3%。

2. 省级行政区公共机构节水型单位建设情况

截至 2023 年，省级公共机构节水型单位建成率达到 95% 及以上的省级行政区有北京、天津、河北、山西、上海、浙江、安徽、江西、山东、湖南、广东、海南、重庆、四川、贵州、云南、甘肃、青海、宁夏。其中，天津、河北、上海、安徽、山东、广东、重庆、四川、贵州、云南、宁夏 11 个省级行政区建成率达到 100%。

（六）节水型高校

1. 全国节水型高校建设情况

2023 年，全国新建成 441 所节水型高校，其中，北方地区 191 所，南方地区 250 所。截至 2023 年，全国累计建成 1546 所节水型高校，建成率为 54.8%。其中，北方地区 673 所，建成率为 54.9%；南方地区 873 所，建成率为 54.7%。

2. 省级行政区节水型高校建设情况

2023 年，节水型高校新建成数达到 20 所及以上的省级行政区有河北、山西、江苏、浙江、安徽、山东、河南、云南。截至 2023 年，节水型高校建成率达到 70% 及以上的省级行政区有天津、江苏、甘肃、青海；节水型高校数量达到 60 所及以上的省级行政区有江苏、浙江、安徽、江西、山东、河南、湖南、广东、四川、陕西。

九　计划用水管理

（一）河道外取水户计划用水

1. 全国河道外取水户计划用水管理情况

2023 年，全国纳入计划用水管理的河道外取水户 45.7 万户，取水许可量 5218.1 亿 m^3，计划用水量 4585.6 亿 m^3，实际用水量 3774.7 亿 m^3。

2. 省级行政区河道外取水户计划用水管理情况

2023 年，长江经济带、黄河流域、京津冀地区年用水量 1 万 m^3 及以上的工业服务业单位实现计划用水管理全覆盖。

2023 年，北京、天津、河北、山西、江苏、西藏、宁夏 7 个省级行政区实际用水量占计划用水量的比例高于 85%，其中河北、江苏、宁夏高于 90%，分别为 94.7%、91.0%、93.1%。

（二）公共供水用水户计划用水

1. 全国公共供水管网用水户计划用水管理情况

2023 年，全国公共供水管网内实行计划用水管理的用水户 76.3 万户（不含居民生活用水），计划用水量 378.5 亿 m^3，实际用水量 294.8 亿 m^3。

2. 省级行政区公共供水管网用水户计划用水管理情况

2023 年省级行政区公共供水管网内非居民用水户计划用水情况见表 9-1。

表 9-1　2023 年省级行政区公共供水管网内非居民用水户计划用水统计表

省 级 行政区	实施计划用水管理的用水 户数量 / 户	计划用水量 / 亿 m³	实际用水量 / 亿 m³
北　京	11526	5.3	4.8
天　津	12652	5.2	3.9
河　北	6876	11.5	10.2
山　西	7795	9.3	8.2
内蒙古	5252	4.8	3.4
辽　宁	6880	7.5	5.3
吉　林	8491	2.2	1.5
黑龙江	1469	4.1	3.0
上　海	187596	13.0	10.7
江　苏	38010	36.0	28.5
浙　江	54379	25.7	20.6
安　徽	10048	8.8	7.1
福　建	148288	18.3	13.3
江　西	11611	11.3	9.2
山　东	22539	28.4	22.6
河　南	14130	13.7	8.0
湖　北	33093	33.3	25.9
湖　南	18059	12.9	10.6
广　东	47066	36.9	24.9
广　西	12878	10.7	8.4
海　南	4174	3.9	2.7
重　庆	5379	8.2	5.6
四　川	24997	14.1	11.3
贵　州	13746	5.6	3.8
云　南	13724	16.9	14.6
西　藏	57	0.2	0.1
陕　西	6892	6.7	5.3
甘　肃	20684	4.5	3.8
青　海	1949	1.5	1.1
宁　夏	1983	4.9	4.0
新　疆	11088	13.1	12.4
合　计	763311	378.5	294.8

十 节水产业发展

（一）节水科技

1. 国家级节水科技推广目录发布情况

截至 2023 年，《国家成熟适用节水技术推广目录》共计发布四批 194 项节水技术，其中 2019 年发布 5 类 96 项，2020 年发布 3 类 24 项，2021 年发布 2 类 40 项，2023 年发布 6 类 34 项；《国家鼓励的工业节水工艺、技术和装备目录》更新发布五批，现行目录为《国家鼓励的工业节水工艺、技术和装备目录（2023 年）》，共计 14 类 171 项工业节水工艺、技术和装备。具体发布情况见表 10-1 和表 10-2。

截止 2023 年，《水利部成熟适用水利科技成果推广清单》连续发布 4 年，共涉及节水领域成熟适用水利科技成果 55 项，其中 2020 年发布 19 项，2021 年发布 8 项，2022 年发布 21 项，2023 年发布 7 项。

表 10-1 截至 2023 年国家成熟适用节水技术推广统计表

年份	类别	节水技术数量 / 项
2019	水循环利用	12
	雨水集蓄利用	14
	管网漏损检测与修复	14
	农业用水精细化管理	29
	用水计量与监控	27
2020	卫生洁具	15
	洗涤设备	5
	中央空调及其他	4

续表

年份	类别	节水技术数量/项
2021	计量技术	19
	监控技术	21
2023	农田节水灌溉技术	9
	灌区水管理技术	5
	智慧灌溉技术	9
	农艺栽培节水技术	6
	畜牧渔业节水技术	1
	农村生活节水技术	4
合计		**194**

表 10-2　2023 年发布的国家鼓励的工业节水工艺、技术和装备统计表

类别	工艺、技术和装备数量/项
共性通用技术	64
钢铁行业	7
石化化工行业	32
纺织印染行业	13
造纸行业	8
食品行业	15
有色金属行业	10
皮革行业	2
制药行业	1
电子行业	1
建材行业	7
蓄电池行业	2
煤炭行业	5
电力行业	4
合计	**171**

2. 国家高耗水工艺、技术和装备淘汰情况

截至 2023 年，国家共计淘汰 4 个行业 16 项高耗水工艺、技术和装备，具体淘汰情况见表 10-3。

表 10-3　截至 2023 年国家淘汰的高耗水工业工艺、技术和装备统计表

行业	类别	工艺、技术和装备数量／项
钢铁行业	冷却循环水系统管式喷淋冷却装备	1
	冷却循环水系统重力式无阀过滤器	1
	轧钢加热炉炉底梁水冷技术	1
	焦炉传统湿熄焦工艺	1
	转炉烟气传统 OG 法除尘工艺	1
	高炉煤气湿法除尘工艺	1
纺织行业	绳状染色机	1
	箱式绞纱染色机	1
	喷射绞纱染色机	1
	74 型退煮漂联合机	1
	敞开式平洗槽	1
	1:10 以上的管式高温高压溢喷染色机	1
造纸行业	槽式洗浆机	1
	地池浆制浆工艺（宣纸除外）	1
	侧压浓缩机	1
建材行业	水泥湿法窑	1
合计		**16**

3. 省级行政区节水科技推广目录发布情况

截至 2023 年，北京、天津、黑龙江、上海、山东、湖南、重庆 7 个省级行政区发布了节水科技推广目录。具体发布目录见表 10-4。

表 10-4 截至 2023 年省级行政区发布的节水科技推广目录统计表

省 级 行政区	目录名称
北 京	北京市 2017 年度节水型生活用水器具推荐产品名录 北京市节水型生活用水器具 推荐产品名录（第一批）
天 津	天津市节水型产品名录（第八期）和明令淘汰的用水器具名录
黑龙江	全省重大工业节水工艺、技术和装备推荐目录（第一批） 全省重大工业节水工艺、技术和装备推荐目录（第二批） 黑龙江省重大工业节水工艺、技术和装备推荐目录（2017） 黑龙江省重大工业节水工艺、技术和装备推荐目录（2018） 黑龙江省重大工业节水工艺、技术和装备推荐目录（2019） 黑龙江省重大工业节水工艺、技术和装备推荐目录（2020） 黑龙江省重大工业节水工艺、技术和装备推荐目录（2021） 黑龙江省重大工业节水工艺、技术和装备推荐目录（2022） 黑龙江省重大工业节水工艺、技术和装备推荐目录（2023）
上 海	上海市节水技术产品推广目录（第一批）
山 东	山东省工业领域先进节水节能环保技术装备推广目录（2023 年版）
湖 南	2022 年度湖南省工业和信息化领域节能节水"新技术、新装备和新产品"推广目录 2023 年度湖南省工业和信息化领域节能节水"新技术、新装备和新产品"推广目录
重 庆	重庆市工业节水技术推广目录（2020 年）

（二）水权水市场

2023 年，通过国家水权交易平台开展水权交易 5762 单、交易水量 5.4 亿 m^3，较 2022 年分别增长 64% 和 116%。其中，区域水权交易 12 单，交易水量 2.1 亿 m^3；取水权交易 628 单，交易水量 2.3 亿 m^3；灌溉用水户水权交易 5122 单，交易水量 1.0 亿 m^3。

截至 2023 年，通过国家水权交易平台累计开展用水权交易 11382 单，累计交易水量 42.9 亿 m^3，累计交易金额 25.0 亿元。具体情况见表 10-5。

表 10-5　截至 2023 年通过国家水权交易平台开展水权交易统计表

省 级行政区	交易单数 / 单		交易水量 / 万 m³		交易金额 / 万元	
	新增	累计	新增	累计	新增	累计
北 京	0	4	0	15231	0	4478
天 津	1	1	1200	1200	720	720
河 北	35	212	3315	4663	38	430
山 西	1608	2887	193	4858	49	6527
内蒙古	27	120	466	287849	894	192990
辽 宁	9	9	79	79	71	71
吉 林	1	4	50	96	50	105
黑龙江	2	3	214	312	320	331
江 苏	25	122	5181	16677	109	676
浙 江	2	2	5300	5300	2515	2515
安 徽	49	65	2456	3065	85	244
福 建	57	57	1780	1780	86	86
江 西	6	19	183	750	18	81
山 东	2002	4109	12262	21038	5282	8380
河 南	1	6	568	37368	23	28739
湖 北	949	949	1235	1235	134	134
湖 南	57	164	1306	2655	121	243
广 西	4	4	2411	2411	151	151
海 南	7	7	46	46	35	35
重 庆	68	70	1988	2103	273	290
四 川	148	154	4100	5182	2383	2583
贵 州	1	4	12	236	5	90
云 南	1	1	4	4	2	2
西 藏	1	1	181	181	18	18
陕 西	103	103	202	202	24	24
甘 肃	598	2299	9169	11192	791	1125
宁 夏	1	8	1500	5085	1800	4922
新 疆	0	3	0	625	0	135
合 计	5762	11382	53900	428622	14199	249845

注　对于跨省级行政区的水权交易，交易数据同时在买卖双方所在省级行政区统计数据中体现，在合计中不重
复统计。

（三）合同节水管理

1. 全国合同节水管理开展情况

2023 年，在农业节水增效、工业节水减排、城镇节水降损等领域实施合同节水管理项目 488 项，投资金额 33.7 亿元，节水量约 2.0 亿 m^3/a。截至 2023 年，全国在农业节水增效、工业节水减排、城镇节水降损等领域共实施合同节水管理项目 1290 项，投资金额超过 130 亿元，节水量约 7.6 亿 m^3/a，平均节水率约为 24.2%。

2. 省级行政区合同节水管理开展情况

截至 2023 年，省级行政区合同节水管理项目统计见表 10-6。

表 10-6　截至 2023 年省级行政区合同节水管理项目统计表

省级行政区	项目数量/个		投资金额/万元		目标节水量/（万 m^3/a）	
	新增	累计	新增	累计	新增	累计
北　京	9	15	1745.8	16294.4	33.0	805.2
天　津	4	8	41.2	1783.7	15.5	91.1
河　北	37	109	28056.6	188307.5	710.7	7180.1
山　西	12	17	729.8	33437.8	44.9	473.8
内蒙古	14	27	44829.3	84021.5	793.0	1514.5
辽　宁	11	18	4596.7	15864.9	371.1	1128.3
吉　林	10	12	442.2	672.7	14.7	25.6
黑龙江	13	28	6911.1	8267.6	276.8	548.9
上　海	25	173	589.5	6340.2	11.1	206.5
江　苏	19	107	6646.1	54931.9	164.6	20801.2
浙　江	34	85	3610.1	11506.3	640.4	2679.3
安　徽	11	19	13123.0	31457.4	460.4	1012.9
福　建	34	44	1816.4	6023.5	190.0	461.6
江　西	46	58	3774.3	8946.8	1464.1	1788.5
山　东	27	68	19484.3	256268.5	687.7	1580.5
河　南	6	15	5749.7	16528.6	475.0	813.1
湖　北	22	45	3591.4	8617.3	115.3	635.3
湖　南	19	38	2215.9	14242.6	44.1	882.1
广　东	14	34	2081.3	7717.9	365.9	1870.3
广　西	13	68	1178.8	2713.6	132.6	191.1
海　南	16	18	151.9	1656.9	27.9	203.2
重　庆	9	50	2325.8	5411.8	110.9	336.9
四　川	36	62	2174.3	17942.0	1040.6	2018.1

续表

省 级 行政区	项目数量 / 个		投资金额 / 万元		目标节水量 / (万 m³/a)	
	新增	累计	新增	累计	新增	累计
贵 州	12	31	3813.4	11587.1	129.3	413.1
云 南	1	35	1.3	105492.6	1.0	6683.8
西 藏	1	1	69.8	69.8	3.2	3.2
陕 西	4	31	792.9	12318.0	8.5	211.6
甘 肃	12	28	5791.9	162407.7	144.0	8542.6
青 海	6	10	1854.0	2516.0	13.8	20.5
宁 夏	2	14	140206.7	143168.1	10009.0	10047.5
新 疆	9	22	28418.6	64821.7	1227.6	2560.6
合 计	488	1290	336808.1	1301336.6	19726.4	75730.9

（四）水效标识

截至 2023 年，国家共发布实行水效标识的产品目录四批，包括坐便器、智能坐便器、洗碗机、淋浴器、净水机、水嘴 6 类产品，并同步印发了 6 类产品的水效标识实施规则。截至 2023 年实行水效标识的产品目录发布情况见表 10-7。

表 10-7 截至 2023 年实行水效标识的产品目录发布情况

批次	产品名称	适用范围	依据的水效标准	实施时间
第一批	坐便器	适用于安装在建筑设施内冷水管路上、供水压力不大于 0.6MPa 条件下使用的坐便器（包括智能坐便器）	GB 25502《坐便器水效限定值及水效等级》	2018 年 8 月 1 日
第二批	坐便器	适用于安装在建筑设施内冷水管路上、供水压力不大于 0.6MPa 条件下使用的坐便器（不包括智能坐便器）	GB 25502《坐便器水效限定值及水效等级》	2021 年 1 月 1 日
	智能坐便器	适用于安装在建筑设施内冷水管路上，供水压力（0.1 ~ 0.6）MPa 条件下使用的智能坐便器	GB 38448《智能坐便器能效水效限定值及等级》	2021 年 1 月 1 日
	洗碗机	适用于使用热水和 / 或冷水的家用和类似用途电动洗碗机。不适用于商用或类似用途洗碗机	GB 38383《洗碗机能效水效限定值及等级》	2021 年 4 月 1 日
第三批	淋浴器	适用于安装在建筑物内的冷、热水供水管路末端，公称压力（静压）不大于 1.0MPa，介质温度为 4℃ ~ 90℃ 条件下的盥洗室（洗手间、浴室）、淋浴房等卫生设施上使用的淋浴器（含花洒或花洒组合）。不适用于自带加热装置的淋浴器和恒温淋浴器	GB 28378—2019《淋浴器水效限定值及水效等级》	2022 年 7 月 1 日
	净水机	适用于以市政自来水或其他集中式供水为原水，以反渗透膜或纳滤膜作为主要净化元件，供家庭或类似场所使用的小型净水机。不适用于长度或宽度或高度 ≥ 2000mm、重量 ≥ 100kg 且净水流量 ≥ 3L/min 的大型净水机	GB 34914—2021《净水机水效限定值及水效等级》	2022 年 7 月 1 日
第四批	水嘴	适用于安装在冷、热水供水管路末端，公称压力（静压）不大于 1.0MPa，介质温度为 4℃ ~90℃ 条件下的洗面器水嘴、厨房水嘴、妇洗器水嘴和普通洗涤水嘴	GB 25501《水嘴水效限定值及水效等级》	2025 年 1 月 1 日

（五）水效领跑

1. 全国水效领跑开展情况

截至 2023 年，累计发布用水产品水效领跑者两批共 50 个，重点用水企业、园区水效领跑者三批共 115 家，灌区水效领跑者两批共 23 个，公共机构水效领跑者 1 批 168 家。

2. 各类水效领跑者开展情况

截至 2023 年，用水产品水效领跑者共发布两批。第一批发布 20 个，包括单冲式坐便器 4 个、双冲式坐便器 16 个，第二批发布 30 个，包括坐便器 18 个、智能坐便器 4 个、洗碗机 8 个。

截至 2023 年，重点用水企业和园区水效领跑者共发布三批。第一批发布 11 个用水企业，第二批发布 30 个用水企业，第三批发布 63 个用水企业和 11 个园区。涉及钢铁、炼焦、石油炼制、乙烯、氯碱、氮肥、现代煤化工、纺织染整、化纤长丝织造、造纸、啤酒、味精、氧化铝、电解铝 14 个行业。

截至 2023 年，灌区水效领跑者共发布两批 23 个。其中第一批发布 8 个，第二批发布 15 个。

截至 2023 年，公共机构水效领跑者共发布一批 168 家，其中中央国家机关及所属单位 6 家。

（六）节水投融资

截至 2023 年，河北、山西、内蒙古、辽宁、上海、江苏、浙江、安徽、福建、山东、河南、湖北、湖南、广东、四川、宁夏、新疆 17 个省级行政区陆续推出"节水贷"服务，共为 1953 个节水项目提供 748.3 亿元投资金额。其中，"节水贷"投资金额超过 1 亿元的省级行政区有河北、内蒙古、江苏、浙江、安徽、福建、山东、湖北、湖南和新疆，"节水贷"支持项目超过 100 个的省级行政区有湖南、江苏、浙江。

（七）节水认证

1. 全国节水认证开展情况

截至 2023 年，全国获得节水产品认证证书的企业 920 家，有效证书 4977 张；2023 年新增企业 333 家，发放节水产品认证证书 1176 张。

截至 2023 年，全国获得节水服务认证证书的企业 46 家，有效证书 46 张；2023 年新增企业 14 家，发放节水服务认证证书 14 张。

2. 省级行政区节水认证开展情况

截至 2023 年，节水产品认证有效证书达到 500 张及以上的省级行政区有河北、福建、广东、新疆，分别为 545 张、654 张、809 张、527 张；涉及企业达到 100 家及以上的省级行政区有福建、广东、新疆，分别为 139 家、137 家、116 家。2023 年，新增节水产品认证证书达到 100 张及以上的省级行政区有浙江、山东、广东、新疆，分别为 106 张、123 张、117 张、175 张；新增获得节水产品认证证书的企业达到 40 家及以上的省级行政区有广东、新疆，分别为 47 家、45 家。

截至 2023 年，节水服务认证有效证书达到 10 张及以上的省级行政区有上海、江苏、浙江，分别为 11 张、10 张、12 张；涉及企业达到 10 家及以上的省级行政区有上海、江苏、浙江，分别为 11 家、10 家、12 家。2023 年，新增节水服务认证证书的省级行政区有北京、河北、上海、江苏、浙江、广东、贵州；新增获得节水服务认证证书企业的省级行政区有北京、河北、上海、江苏、浙江、广东、贵州。

十一　节水科普宣传

截至 2023 年，全国建成线下节水科普馆 91 个，其中国家级 1 个，省级 26 个；线上节水科普馆 11 个，其中省级 5 个；节水教育社会实践基地 605 个，其中国家级 16 个，省级 282 个。2023 年，全国新建成省级节水科普馆 9 个，省级节水教育基地 71 个。具体名单见表 11-1。

2023 年开展节水主题活动 2.6 万次，参加活动 1949.6 万人次，中央媒体、水利行业媒体和省级媒体发布节水相关报道约 2 万篇。

表 11-1　2023 年新建成省级节水科普馆及教育基地名单

类别	省级行政区	名称
节水科普馆	上　海	上海威派格智慧水务股份有限公司
		上海绿衍水务有限公司
		九科绿洲生态展示馆
	江　苏	徐州市贾汪区节水科普馆
		镇江市京口区节水教育科普馆
	浙　江	温州瓯海节水科普馆
	江　西	《江小惜的时光旅行》云展厅
	广　东	广东省节水体验实验室
	陕　西	陕西节水科普馆
节水教育基地	辽　宁	辽宁省节水宣传教育基地
	上　海	上海市宝山区罗店中心校
		上海市农业科学院
		上海市闵行区吴泾实验小学
		上海市青浦区白鹤中学
		上海电力大学

续表

类别	省级行政区	名称
节水教育基地	上海	上海市城市排水有限公司蒙自泵站
		上海申能崇明发电有限公司
		上海市虹口区第六中心小学
		上海市徐汇区汇师小学（中城校区）
		上海外国语大学尚阳外国语学校
		上海市杨浦区杨浦小学
		长宁区北新泾街道新泾六村居民区
	江苏	江苏省防汛抢险训练场
		南京市金陵小学
		苏州青少年科技馆吴江区节水主题展区
		苏州高新区文体中心节水教育馆
		苏州市相城区黄花泾节水教育馆
		江苏省新海高级中学节水科普体验馆
		大丰中华水浒园节水教育馆
		扬州洁源节水科教馆
		"清爽靖江"体验馆
	浙江	鄞州区节水教育基地（福明净化水厂）
		宁波市奉化区节水教育基地
		海盐县节水宣传教育基地
		新昌县节水宣传教育基地
		永康市青少年水情教育馆
		衢江节水馆
		江山市节水宣传教育基地
		丽水市水情教育基地
		青田县节水教育基地
	安徽	合肥市清溪净水厂
		合肥市陶冲污水处理厂
		蒙城县气象局
		光大生物能源（怀远）有限公司
		金安区沘河管理段
		无为市自来水有限责任公司
		芜湖市湾沚区自来水厂
	山东	济南市济阳区节水教育实践基地
		枣庄市节水教育实践基地

类别	省级行政区	名称
节水教育基地	山　东	山东调水星石泊泵站节水教育实践基地
		烟台市蓬莱区节水教育实践基地（邱山水库）
		海阳市节水教育实践基地（建新水库）
		济宁市兖州区青莲公园节水教育实践基地
		济宁市金乡县节水教育示范基地
		肥城市康润再生水厂节水教育基地
		日照市东港区节水教育基地（马陵水库）
		青州市节水教育实践基地
		高密市节水教育实践基地
		临沂市郯城县水文化教育基地
		德州市夏津县节水教育基地（白马湖水库）
		临清市节水教育基地（张官屯水库）
	湖　南	湖南省水利厅幼儿园
		湖南先导洋湖再生水有限公司
		长沙市水质检测中心
		长沙供水有限公司洋湖水厂
		湖南水利水电职业技术学院
		常德市青少年节水展览馆
		郴州水资源利用与保护教育基地
		益阳市节水科普教育基地
		岳阳市"守护好一江碧水"实践基地
		郴州水世界
		湖南省酒埠江灌区
		浦湘生物能源股份有限公司
	广　东	肇庆市节水教育社会实践基地
		东江流域管理局节水教育社会实践基地
		茂名市小良水保站节水教育社会实践基地
	贵　州	贵州交通职业技术学院
		赤水水文站
		贵州三江堰
	陕　西	西安水务再生水展馆

十二　节水法规政策标准

（一）节水法规政策

2023 年水利部、国家发展改革委等节约用水工作部际协调机制成员单位发布 12 项节水重要政策文件，涉及非常规水利用、合同节水管理、节水宣传教育、节水型社会建设、节水技术推广、水效标识实施、节水型高校建设等。具体发布情况见表 12-1。

表 12-1　2023 年节水法规政策发布清单

序号	节水法规政策名称	发布单位	发布时间	文号
1	《关于加强南水北调东中线工程受水区全面节水的指导意见》	水利部、国家发展改革委	2023 年 2 月 11 日	水节约〔2023〕52 号
2	《关于加强节水宣传教育的指导意见》	水利部、中央精神文明建设办公室、国家发展改革委、教育部、工业和信息化部、住房城乡建设部、农业农村部、广电总局、国管局、共青团中央、中国科协	2023 年 4 月 17 日	水节约〔2023〕148 号
3	《关于全面加强水资源节约高效利用工作的意见》	水利部	2023 年 4 月 27 日	水节约〔2023〕139 号
4	《关于加强非常规水源配置利用的指导意见》	水利部、国家发展改革委	2023 年 6 月 22 日	水节约〔2023〕206 号
5	《关于推广合同节水管理的若干措施》	水利部、国家发展改革委、财政部、科技部、工业和信息化部、住房城乡建设部、中国人民银行、市场监管总局、国管局	2023 年 7 月 31 日	水节约〔2023〕242 号
6	《关于修订印发〈节水型社会评价标准〉的通知》	水利部	2023 年 8 月 18 日	水节约〔2023〕245 号
7	《关于进一步加强水资源节约集约利用的意见》	国家发展改革委、水利部、住房城乡建设部、工业和信息化部、农业农村部、自然资源部、生态环境部	2023 年 9 月 1 日	发改环资〔2023〕1193 号
8	《关于公布第六批节水型社会建设达标县（区）名单的公告》	水利部	2023 年 9 月 29 日	水利部公告 2023 年第 23 号

序号	节水法规政策名称	发布单位	发布时间	文号
9	《关于公布国家成熟适用节水技术推广目录（2023年）的公告》	水利部	2023年11月9日	水利部公告2023年第26号
10	《国家鼓励的工业节水工艺、技术和装备目录（2023年）》	工业和信息化部、水利部	2023年11月9日	工业和信息化部公告2023年第28号
11	《关于印发中华人民共和国实行水效标识的产品目录（第四批）及水嘴水效标识实施规则的通知》	国家发展改革委、水利部、市场监管总局	2023年11月10日	发改环资规〔2023〕1516号
12	《关于印发〈全面建设节水型高校行动方案（2023—2028年）〉的通知》	教育部办公厅、水利部办公厅、国管局办公室	2023年12月28日	教发厅〔2023〕14号

（二）节水标准定额

1. 国家标准定额

2023年，市场监管总局、国家标准委制定修订国家节水标准定额13项，包括7项节水国家标准、6项取（用）水定额国家标准。具体发布情况见表12-2。

表12-2　2023年国家节水标准定额发布清单

标准名称／文件名称	标准号／文号	状态	提出单位
《工业用水定额编制通则》	GB/T 18820—2023	修订	水利部
《节水型工业园区评价导则》	GB/T 43477—2023	制定	工业和信息化部
《节水型企业 造纸行业》	GB/T 26927—2023	修订	工业和信息化部
《节水型企业 发酵行业》	GB/T 32165—2023	修订	工业和信息化部
《节水型企业 电解铝行业》	GB/T 33233—2023	修订	全国节水标委会
《煤矿预排水综合利用技术导则》	GB/T 42867—2023	制定	全国节水标委会
《煤化工废水处理与回用技术导则》	GB/T 42866—2023	制定	全国节水标委会
《取水定额　第6部分：啤酒》	GB/T 18916.6—2023	修订	水利部
《取水定额　第7部分：酒精》	GB/T 18916.7—2023	修订	水利部
《取水定额　第12部分：氧化铝》	GB/T 18916.12—2023	修订	水利部
《取水定额　第16部分：电解铝》	GB/T 18916.16—2023	修订	水利部
《取水定额　第14部分：毛纺织产品》	GB/T 18916.14—2023	修订	水利部
《服务业用水定额　第1部分：游泳场所》	GB/T 42865.1—2023	制定	水利部

2. 省级标准定额

2023年，北京、河北、山西、内蒙古、安徽、山东、河南、宁夏8个省级行政区制定修订省级节水标准28项。其中，北京、河北、内蒙古3个省级行政区分别制定修订省级节水标准4项、14项、5项，山西、安徽、山东、河南、宁夏5个省级行政区各制定修订省级节水标准1项。

2023年，北京、天津、江苏、福建、江西、山东、广东、广西、甘肃、新疆10个省级行政区制定修订了省级用水定额。具体发布情况见表12-3。

表 12-3　2023 年省级行政区用水定额发布清单

省　级行政区	标准定额名称	标准号	状态	发布单位
北　京	《用水定额　第3部分：果树》	DB11/T 1764.3—2023	制定	北京市市场监督管理局
	《用水定额　第6部分：城市绿地》	DB11/T 1764.6—2023	制定	
	《用水定额　第10部分：仓储》	DB11/T 1764.10—2023	制定	
	《用水定额　第11部分：数据中心》	DB11/T 1764.11—2023	制定	
	《用水定额　第38部分：体育场馆》	DB11/T 1764.38—2023	制定	
天　津	《天津市工业用水定额》	津水综〔2023〕16号	修订	天津市水务局
	《天津市建筑和生活服务业用水定额》	津水综〔2023〕16号	修订	
	《天津市农业用水定额》	津水综〔2023〕16号	修订	
江　苏	《江苏省农业用水定额（2023年）》（试行）	苏水节〔2023〕8号	修订	江苏省水利厅
福　建	《行业用水定额》	DB35/T 772—2023	修订	福建省市场监督管理局
江　西	《生活及服务业用水定额　第1部分：公共机构》	DB36/T 1827.1—2023	制定	江西省市场监督管理局江西省水利厅
	《稀土重点行业用水定额》	DB36/T 1588—2023	修订	
山　东	《服务业用水定额　第4部分：公共设施管理及社会工作》	DB37/T 4601.4—2023	制定	山东省市场监督管理局
广　东	《用水定额　第2部分：工业》修改单	DB44/T 1461.2—2021	修订	广东省市场监督管理局
广　西	《工业行业主要产品用水定额》	DB45/T 678—2023	修订	广西壮族自治区市场监督管理局
	《城镇生活用水定额》	DB45/T 679—2023	修订	
甘　肃	《甘肃省行业用水定额（2023版）》	甘政发〔2023〕15号	制定	甘肃省人民政府
新　疆	《新疆维吾尔自治区农业用水定额》	新水厅〔2023〕67号	修订	新疆维吾尔自治区水利厅